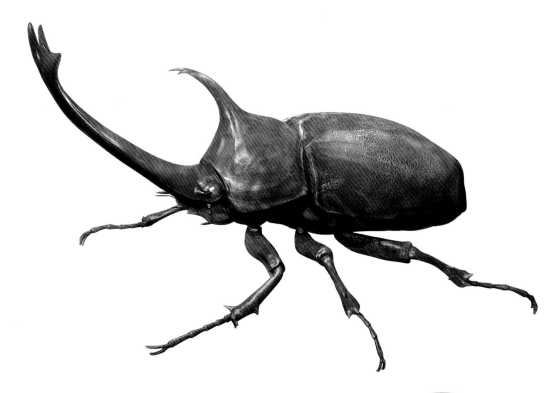

孩子超喜欢看的
趣味科学馆

INSECT
昆虫

韩雨江　陈　琪◎主编

吉林科学技术出版社

图书在版编目（CIP）数据

昆虫 / 韩雨江, 陈琪主编. -- 长春 : 吉林科学技术出版社, 2024.5
（孩子超喜欢看的趣味科学馆 / 韩雨江主编）
ISBN 978-7-5744-1266-8

Ⅰ.①昆… Ⅱ.①韩… ②陈… Ⅲ.①昆虫—儿童读物 Ⅳ.①Q96-49

中国国家版本馆CIP数据核字(2024)第079237号

孩子超喜欢看的趣味科学馆　昆虫

HAIZI CHAO XIHUAN KAN DE QUWEI KEXUEGUAN　KUNCHONG

主　　编	韩雨江　陈　琪
出 版 人	宛　霞
责任编辑	徐海韬
助理编辑	宿迪超　周　禹　郭劲松
制　　版	长春美印图文设计有限公司
封面设计	长春美印图文设计有限公司
幅面尺寸	167 mm×235 mm
开　　本	16
字　　数	62.5千字
印　　张	5
印　　数	1–5 000册
版　　次	2024年5月第1版
印　　次	2024年5月第1次印刷

出　　版	吉林科学技术出版社
发　　行	吉林科学技术出版社
地　　址	长春市福祉大路5788号出版集团A座
邮　　编	130118
发行部电话/传真	0431-81629529　81629530　81629531
	81629532　81629533　81629534
储运部电话	0431-86059116
编辑部电话	0431-81629380
印　　刷	吉林省创美堂印刷有限公司

书　　号	ISBN 978-7-5744-1266-8
定　　价	25.00元

百科知识
影像纪录
趣味科普
交流园地
扫码获取

目 录

剧毒的装饰：毛虫 …………… 4

绸缎纺织家：桑蚕 …………… 6

毛茸茸的精灵：蚕蛾 …………… 8

田间小卫士：七星瓢虫 …………… 10

害虫的克星：十三星瓢虫 …………… 12

蜗牛捕食家：台湾窗萤 …………… 14

蘑菇爱好者：蟋蟀 …………… 16

会飞的伐木工：天牛 …………… 18

勤劳的搬运工：蚂蚁 …………… 20

浩荡行军路：行军蚁 …………… 22

蚁科害虫：双齿多刺蚁 …………… 24

顶级制蜜师：蜜蜂 …………… 26

强有力的对手：胡蜂 …………… 28

高级麻醉师：寄生蜂 …………… 30

植被杀手：蝗虫 …………… 32

超级害虫：中华稻蝗 …………… 34

同伴背着走：短额负蝗 …………… 36

作物害虫：横纹蓟马 …………… 38

植物吸血鬼：夹竹桃蚜 …………… 40

世界级害虫：烟粉虱 …………… 42

农业害虫：硕蝽 …………… 44

木虱王：锥蝽 …………… 46

十字花科害虫：菜蝽 …………… 48

蛀干害虫：桑天牛 …………… 50

丑角甲虫：长臂天牛 …………… 52

竹笋天敌：大竹象 …………… 54

罕见的斑蝶：白壁紫斑蝶 …………… 56

用毒高手：隐翅虫 …………… 58

彩虹的眼睛：吉丁虫 …………… 60

缓慢的飞行者：泥蛉 …………… 62

珍贵绿宝石：阳彩臂金龟 …………… 64

树上的银琵琶：梨片蟋 …………… 66

华丽的大甲：独角仙 …………… 68

豆类劲敌：绿豆象 …………… 70

水中人参：龙虱 …………… 72

蝎蝽科害虫：水螳螂 …………… 74

游泳冠军：豉甲 …………… 76

泡泡爱好者：沫蝉 …………… 78

剧毒的装饰：

毛 虫

　　毛虫是鳞翅目昆虫（蝶类及蛾类）的幼虫。这种昆虫大部分生活在植物上，以植物的茎叶为食，经常会造成植物的叶片缺损甚至死亡。毛虫的身体非常柔软，爬行速度非常缓慢，是鸟类等动物喜爱的食物。为了保护自己不被吃掉，毛虫通常会通过进化出各式各样的拟态、色彩斑斓的花纹或有毒的毛来保护自己。

毛虫的腹足并不是"脚"，而是由肌肉组成的"辅助器官"。

"毛毛虫"

　　许多毛虫为了保护自己，进化出了带毒的毛。这些毛虫通常在食物中获取毒素，并囤积在体外的针毛上。人类如果不慎触碰到它，毛虫的毛刺入人体，其注入的毒素可能会引起皮炎。

真假八对足

毛虫有三对胸足，还有几对由肌肉组成的"腹足"，这些腹足虽然不是真正的足，但也能用来移动，还能帮助毛虫在进食时抓住叶子。

毛虫的颚十分发达，能够非常迅速地啃食植物。

毛虫通常拥有3对真正意义上的足——胸足。

吃肉的毛虫

太平洋的夏威夷海岛上生活着一种肉食毛虫，这种毛虫的伪装技术非常巧妙，还拥有非常高超的捕食技巧，甚至能捕捉飞在空中的小型鸟类！

绸缎纺织家：

桑　蚕

　　桑蚕是一种拥有完全变态发育过程的昆虫。桑蚕的卵只有芝麻粒大小，刚孵化出的小桑蚕和蚂蚁一样大，通体呈黑色，在出生两个小时后就会开始啃食桑叶。经过第一次蜕皮之后，桑蚕就会变成白色软绵绵的样子。等到最终从蚕茧中破茧而出后，桑蚕会变成大肚子的蚕蛾，产卵后结束其一生。

超级长的丝

　　在英语中，桑蚕又被称为丝虫，是因为它们吐出来的丝能够用来织丝绸。别看桑蚕做的蚕茧小小的，但织成蚕茧的丝足有 1000 米长！

桑蚕的身体像一个纺锤。

桑蚕的腹部有 4 对腹足。

蚕蛾不会飞

　　破茧而出的蚕蛾长得很像蝴蝶，肚子却比蝴蝶要大得多。正因为它们的翅膀太小了，翅膀没办法托起大大的肚子，所以蚕蛾根本没办法飞起来。

爱睡觉的蚕

　　桑蚕的饭量极大，身体长得也非常快，等身体长到一定程度后就需要蜕皮，这时的桑蚕就会用少量的丝将自己固定好，像是睡着一样一动不动，开始为蜕皮做准备。

桑蚕

分类： 鳞翅目蚕蛾科。
分布： 温带、亚热带及热带地区。
食性： 植食。
特征： 幼虫通体白色，结白色茧。

百科知识
影像纪录
趣味科普
交流园地

扫码获取

7

毛茸茸的精灵：

蚕　蛾

　　蚕蛾的外形与蝴蝶很像，它们也拥有大大的翅膀。但与蝴蝶不同的是，蚕蛾浑身都长有白色鳞毛。它们的腹部很大，翅膀相对比较小。已经退化的翅膀无法拖起笨重的身体，因此蚕蛾几乎没有办法飞行。雄性蚕蛾的身体较小，步足比较发达，能够快速地来回爬动，通过不断扇动翅膀来吸引雌性注意。

蚕的成长史

　　蚕蛾的幼虫就是白胖胖的蚕宝宝。在蚕长大成熟之后，吐丝织茧，将自己包裹在里面，最后破茧羽化，就变成了毛茸茸的蚕蛾。

退化的翅膀

　　在很久以前，蚕蛾的祖先是会飞的。但由于长期被人类饲养，蚕蛾已经不需要通过飞行来寻找配偶，时间久了，蚕蛾的飞行能力就退化了。

蚕蛾的翅膀有两对，但退化严重，只能用力扇动，无法飞行。

短暂的生命

　　蚕蛾的生命非常短暂。在破茧羽化之后，蚕蛾就要在几个小时内寻找到心仪的配偶，来完成繁衍后代的使命。在产卵后，蚕蛾的生命很快就会结束。

蚕蛾的头部很小，呈球状，有一对鼓起的复眼和细长的触角。

蚕蛾

分类：鳞翅目蚕蛾科。
分布：温带、亚热带及热带地区。
特征：浑身披有白色鳞毛，翅膀小，腹部肥大。

田间小卫士：
七星瓢虫

　　七星瓢虫的身体像半个圆球一样，红色的翅膀外层硬硬的，上面生有七个黑色圆点图案，因此被称为七星瓢虫。七星瓢虫是蚜虫的天敌，雌虫会专门寻找有蚜虫的植物并在上面产卵。从幼虫时起，七星瓢虫就开始以蚜虫为食，植物上蚜虫越多，它们吃得就越多，甚至连越冬都不会离蚜虫聚集的地方太远。

七星瓢虫
分类： 鞘翅目瓢虫科。
分布： 我国东北、华北、华中、
　　　　西北、华东及西南地区。
特征： 鞘翅上有7个圆形黑点。

七星瓢虫的头很
小，触角也很短。

吞噬同类

　　七星瓢虫有吃卵的习性，成虫喜欢吃掉已产下的卵块，幼虫则有互相捕食的习性，同一卵块中早孵出的个体常吃掉尚未孵化的卵粒，大龄幼虫常吃掉小龄幼虫，蛹也常被成虫和大龄幼虫吃掉，在七星瓢虫中，吞噬同类已是司空见惯。

没有斑点的七星瓢虫

　　七星瓢虫身上的斑点是在破蛹后到鞘翅变硬的过程中长出来的。如果这时七星瓢虫受到惊吓进入假死状态的话，它们的斑点就再也不会出现，会变成一只没有斑点的七星瓢虫。

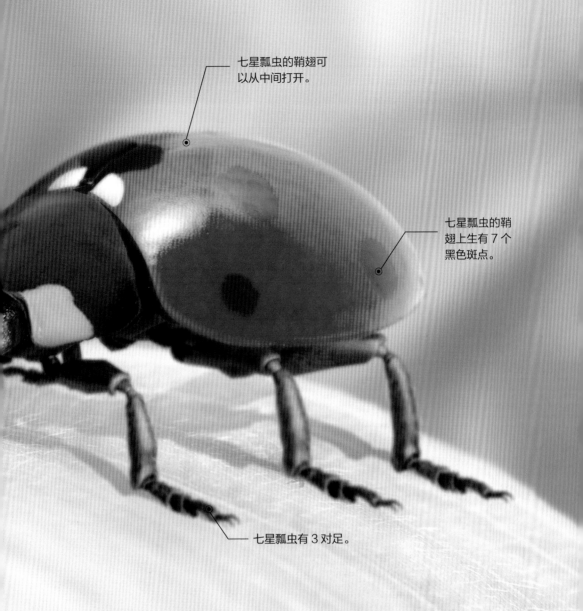

七星瓢虫的鞘翅可以从中间打开。

七星瓢虫的鞘翅上生有 7 个黑色斑点。

七星瓢虫有 3 对足。

田间卫士

七星瓢虫是一种捕食类的昆虫。它们拥有非常厉害的口器，会大量捕食蚜虫、臭虫等农业害虫，对农业大有裨益，甚至被人们授予了"活农药"的光荣称号。

害虫的克星：
十三星瓢虫

在我们的印象当中，十三星瓢虫大多都给人一种小巧玲珑的印象。不过它们可是真正的害虫克星，不论成虫还是幼虫都捕食棉蚜、槐蚜等害虫，保护着我们的树木和庄稼。它们在中国一般分布于吉林、河北、山东、河南等地。

十三星瓢虫的鞘翅可以从中间打开。

十三星瓢虫的鞘翅上一般生有 13 个黑色斑点。

十三星瓢虫的 3 对足和身体都藏在翅膀下面。

十三星瓢虫的头很小，触角也很短。

它们的生活习惯

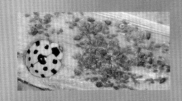

十三星瓢虫特别怕冷，到了冬天很容易被冻死，所以它们冬天都会在树皮缝及墙缝等隐蔽处越冬，3月下旬出来活动，一般在果树中普遍存在。

没有斑点的瓢虫

十三星瓢虫身上的斑点是在破茧后到鞘翅变硬的过程中长出来的。如果这时十三星瓢虫受到惊吓进入假死状态，它们的斑点就再也不会出现，会变成一只没有斑点的瓢虫。

假死与保护液

在面对天敌的时候，十三星瓢虫有两种逃生手段：一种是分泌出黄色的、气味极难闻的液体来驱赶敌人。如果敌人不惧怕这种气味，十三星瓢虫就会用第二种手段——"装死"来欺骗敌人。

十三星瓢虫

分类： 鞘翅目瓢虫科。

分布： 中国吉林、河北、山东、河南等地。

生活环境： 森林或草丛中。

特征： 鞘翅上有13个黑点。

蜗牛捕食家：

台湾窗萤

台湾窗萤是一种仅生活在中国台湾的萤科昆虫。它是一种肉食性昆虫，在从幼虫到成虫的整个阶段中，台湾窗萤都以蜗牛及螺类为食，甚至会捕捉非洲大蜗牛的幼体。台湾窗萤雌虫与雄虫的外观区别很大，只有雄虫才拥有完整的翅膀，可以四处飞。

幼虫阶段

台湾窗萤的幼虫喜欢生活在比较潮湿的地方，通常会钻到湿润的土壤中或是躲到腐烂落叶的下面。这样的环境既可以维持它们体内的水分，也能避免它们被天敌发现。

台湾窗萤

分类：鞘翅目萤科。
分布：中国台湾。
生活环境：潮湿环境。
特征：翅边缘呈橘色，尾部能
　　　　发光。

化蛹没有壳

在台湾窗萤幼虫长到一定月龄后，它们会爬到石头缝隙或是树洞里藏起来，直接蜕皮进行化蛹，并不会制作茧来保护自己。

台湾窗萤雄虫
的翅膀外侧，
橙色边缘非常
明显。

台湾窗萤的
荧光在尾部。

独特的移动方式

    与大多数萤科昆虫的幼虫不同的是，台湾窗萤
的幼虫可以用尾足抓住地面来行走。可它们的尾足
却不是爪子或昆虫步足的形状，而是类似于小毛刷，
依靠毛刷状肌肉的褶皱丛来抓住地面。

蘑菇爱好者：

蠼螋

　　蠼螋是一种很常见的捕食性昆虫，它们一般生活在树皮缝隙、腐朽的枯木和落叶下，非常喜欢阴暗潮湿的环境。因为生活环境的不同，蠼螋的取食范围也不同。生活在田间的蠼螋因为捕食害虫的缘故，被视作益虫。但在菌类养殖业中，蠼螋因为过于喜爱吃蘑菇，而被当作害虫。

蚜虫的天敌

　　蠼螋的口器非常锋利，能够咀嚼。生活在田间的蠼螋热衷于捕捉蚜虫、负蝗、棉铃虫等害虫。

蠼螋

分类： 革翅目蠼螋科。
分布： 热带及亚热带地区。
生活环境： 阴暗潮湿的环境。
食性： 杂食。
特征： 尾须呈夹子形状。

爱吃蘑菇的蠼螋

　　蠼螋是一种杂食性昆虫，一般会取食植物的花叶及腐败的动植物残体，有时还会捕食小昆虫，但蠼螋最爱吃的是平菇和草菇。

保护宝宝的蠼螋

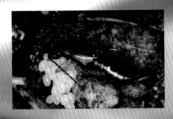

　　蠼螋的雌虫有很明显的护卵行为。在产卵后，雌性蠼螋便会守在卵旁边，或者用自己的身体保护卵。等卵孵化之后，低龄的若虫也一直跟随母亲生活，直到能够自保为止。

蠼螋的尾部有一对夹子形状的尾须，非常坚硬。

蠼螋只有一对复眼，没有单眼。

会飞的伐木工：

天 牛

　　天牛是天牛科昆虫的统称。这类昆虫全部被认为是害虫，因为它们酷爱啃食树木，甚至也会在木制建筑物上钻洞，非常讨厌。天牛科的昆虫都非常擅长飞行，再加上它们的体形、力气也很大，因此得名"在天上飞的力大如牛的昆虫"——天牛。

天牛
分类： 鞘翅目天牛科。
分布： 世界各地。
生活环境： 树木中。
特征： 体形呈长圆筒形，背部略
　　　　扁；触角长在额头的突起
　　　　上。

最大天敌

　　天牛科昆虫最大的天敌是管氏肿腿蜂。这种蜂会捕捉天牛的幼虫，注射毒液将它们麻痹之后拖到隐蔽的地方，在它们的身上产卵。被寄生的天牛只能一动不动地被肿腿蜂幼虫吃掉。

"锯树郎"

　　天牛科的昆虫在受惊的时候会发出"吱嘎吱嘎"的声响，以此来恐吓天敌，得到逃命机会。因为这种声音听起来很像在锯木头，因此天牛被一些地方的人称为"锯树郎"。

天牛的触角能够
自由转动，甚至
可以贴到背上。

天牛的头经常隐藏
在前胸背板下面。

天牛飞行的
时候鞘翅只
会张开不动。

19

勤劳的搬运工:

蚂 蚁

　　蚂蚁是一种生活中极为常见的小昆虫。大多数蚂蚁的食性很杂,如果生活在室内,蚂蚁会经常取食于人类的食物或垃圾,有一些种类还会影响到人类生活。蚂蚁是群居性昆虫,它们会筑造庞大的巢穴来供种群居住。在巢穴中,为了能够更好地保存食物,蚂蚁们还会仔细地将活动室和储藏室分开。

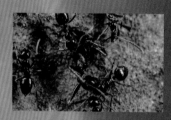

蚂蚁社会

　　蚂蚁的社会体系非常完整,它们分别承担着不同的责任:蚁后肩负着整个种群繁衍的重任,雄蚁只负责与蚁后交配,工蚁负责维持日常生活,兵蚁则负责保护蚁巢安全。

蚂蚁

分类: 膜翅目蚁科。
分布: 世界各地。
生活环境: 潮湿环境。
特征: 身体有三节,"腰"很细。

沟通方式

蚂蚁的沟通方式非常奇特，它们并不依靠声音或者动作，而是依靠气味。蚂蚁触角上的味觉感受器非常发达，它们会通过互相触碰触角的方式来传递信息。

蚂蚁的牧场

蚂蚁喜爱甜食，尤其喜爱蚜虫分泌的蜜露。为了得到这种美食，蚂蚁们会将蚜虫搬进自己的巢中"饲养"，等到天气暖和之后，再把蚜虫搬到树上去"放牧"。

蚂蚁的触角有很多微小孔洞，能够感知气味、声波。

蚂蚁的复眼很小，单眼有三只。

蚂蚁的口器尤其是上颚非常发达，但上唇已经退化。

浩荡行军路：

行军蚁

　　行军蚁，又称军团蚁，和其他蚂蚁不同，行军蚁并不会筑巢，它们是一种迁徙类的蚂蚁，用"游击"的方式生活在亚马孙河流域。行军蚁拥有非常强大的颚，还能分泌出富含蚁酸的毒液，有了这两种武器，行军蚁就可以肆无忌惮地前行，一路捕捉各类昆虫作为食物。

食人蚁不吃人

　　在一些传言中，行军蚁被描述成如同恶魔一般恐怖的"食人蚁"，但其实蜘蛛、蜈蚣和其他种类的蚂蚁才是行军蚁最爱的食物。

行军蚁的全身都有短毛。

浩荡蚁军如潮水

　　在行军蚁的队伍中，最多能包含上百万只行军蚁。据记载，人类发现的行军蚁队伍中，最宽的一支队伍宽度足足有 15 m。这样的队伍无论走到什么地方，都会像潮水一样，立刻将猎物淹没。

行军蚁

分类：膜翅目蚁科行军蚁属。

分布：亚马孙河流域。

食性：杂食。

特征：不筑巢，有锋利的大颚。

行军蚁有锋利的颚。

蚁科害虫：
双齿多刺蚁

双齿多刺蚁是蚁科多刺蚁属的一种昆虫，对树木有一定危害，但因有蚁穴的地方发生虫害的概率较小，所以有时也可以保护树木。

双齿多刺蚁的危害

双齿多刺蚁会用尖利的"嘴巴"叮咬人畜。由于它们直接携带多种病菌，会造成多种疾病，如伤寒、痢疾、鼠疫等，因此，家中一旦发现双齿多刺蚁应彻底清除。

建造大师

双齿多刺蚁在建造方面天赋异禀，它们不像其他蚁科动物一样在地下挖掘巢穴，它们的巢建在树枝之间，和蜂巢有些类似。

双齿多刺蚁

分类： 膜翅目蚁科多刺蚁属。
分布： 中国，日本，澳大利亚。
食性： 杂食。
特征： 体黑色，背板有明显的直刺。

家族庞大

　　双齿多刺蚁的筑巢活动在雨后最为频繁，筑巢时有大量工蚁会将草屑、虫粪或沙粒等材料运送到筑巢地点，然后用吐丝物将这些筑巢材料连接，一般 3～6 日就能筑一巢，所以双齿多刺蚁的家族通常很庞大。

双齿多刺蚁工蚁前胸背板有长的直刺。

双齿多刺蚁雄蚁的眼很大。

顶级制蜜师：

蜜 蜂

在小小的蜂巢里，藏着一个庞大的蜜蜂家族。一只蜂后带领着一大群工蜂和雄蜂共同生活。蜜蜂的适应能力极强，从热带雨林到北极圈，只要有植物需要授粉的地方，就有蜜蜂的身影。蜜蜂虽然个头很小，却肩负着维持生态平衡的重任，它们能够将植物的花粉散播到很远的地方，帮助植物更好地结出果实。

尾部有毒针

蜜蜂的尾部带有锯齿状的毒刺，用来攻击敌人。这根毒刺连接着蜜蜂的内脏，在蜇人后不仅毒刺会留在敌人身上，连接毒刺的内脏也会被一同带出蜜蜂体外，所以蜜蜂很快就会死亡。

蜜蜂
分类：膜翅目蜜蜂科。
分布：世界各地。
特征：尾部带刺。

台 扫码获取
百科知识
影像纪录
趣味科普
交流园地

"8"字采蜜舞

　　当"侦查员"蜜蜂找到蜜源之后，它们会先回到蜂巢，通过舞蹈来告知同伴蜜源的距离和方向。如果将"侦查员"的舞蹈路线画下来，看起来就是一个横着放的"8"字。

蜜蜂成长史

　　随着工蜂们年龄的增长，它们会不断更换工作：刚刚成年的小工蜂们全都留在蜂巢里，负责照顾幼虫；等它们能够记住蜂巢位置之后，就可以筑巢和外出去采蜜；年长的工蜂们则担当"侦查员"，为族群寻找蜜源。

蜜蜂尾部带刺，连接内脏。

强有力的对手:

胡　蜂

胡蜂又称马蜂,广泛分布于全世界。提起这种蜂,很多人都感到十分害怕,因为此种蜂比较常见,人一旦被蜇,其毒液就会被人体吸收,对人造成巨大危害。

具有群居性

胡蜂有群居习性,大量胡蜂会居住在蜂巢里,并且蜂巢会逐渐增大,蜂巢常建造于树木上方。胡蜂一般在春季一天中的中午,正值气温最高时开始出蛰,在温度适宜时,开始筑巢。

生长迅速

胡蜂属于完全变态发育的昆虫,是由卵发育而来,最后可发育为成虫,并且每个阶段的形态完全不同,生长速度快,从幼虫羽化为成虫仅需要2~3周的时间。

胡蜂

分类: 膜翅目胡蜂总科。
分布: 世界各地。
食性: 主要以植物花的花蜜为食。
特征: 身体呈黑色,身体有斑点以及黄色条纹,有螫针。

最强攻击者

　　胡蜂有很强的攻击性，遇到强有力的对手，或者受到攻击等不友善行为时，胡蜂会用螫针刺入对方身体，并分泌毒素，对手短时间内就会产生中毒反应，甚至发生死亡。

体形较大，翅膀发达，具有较强的飞行能力。

身体呈结节状，身体有黄色横纹分布。

胡蜂的复眼很小，单眼有三只。

高级麻醉师:
寄生蜂

寄生蜂是小蜂科、姬蜂科及茧蜂科等种类昆虫的总称，成年寄生蜂通常会寻找可寄生的宿主，将卵产到被寄生宿主的体表或者体内，卵和幼虫则从宿主的身体获取营养来孵化和发育。因为寄生蜂的宿主选择多为毛虫等昆虫幼虫或卵块，对目标宿主的杀伤力非常大，因此寄生蜂被视为害虫的天敌，对植被和农作物有很强的保护作用。

寄生蜂通常拥有发达的翅膀，擅长飞行。

寄生蜂
分类: 膜翅目细腰亚目。
食性: 肉食。
特征: 不筑巢。

内寄生

选择内寄生的寄生蜂，会将卵产入宿主的体内，卵在内部孵化后，幼虫可以直接从宿主的身体组织取食，这是一种进化较为完善的寄生方式。

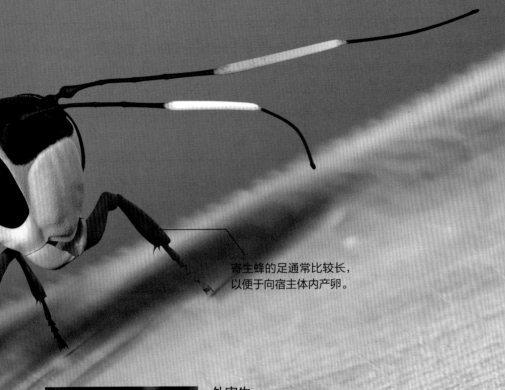

寄生蜂的足通常比较长，以便于向宿主体内产卵。

外寄生

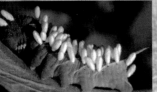

选择外寄生的寄生蜂会将卵直接产在宿主体表。因为宿主多半还是存活或半存活的状态，因此寄生蜂必须寻找能够自主隐藏的昆虫作为宿主，才能保证幼虫安全。

高级麻醉师

无论是内寄生还是外寄生，寄生蜂都需要在宿主无法反抗时产卵。而寄生蜂能够分泌一种麻醉液，通过产卵器注入宿主体内，使宿主完全丧失反抗能力。

植被杀手：

蝗　虫

　　蝗虫又被称为蚂蚱。蝗虫的口器非常利于切断及咀嚼植物茎叶，因此它们对植物的取食速度非常快。在缺乏食物或者气候干旱的时节，蝗虫经常会啃光植物，造成寸草不生的灾害局面。又因为蝗虫擅长飞行，所以形容蝗虫大面积聚集的情况时，有"飞蝗过境，寸草不生"的俗语。

蝗灾危害

　　蝗灾，是指蝗虫引起的灾害。一旦发生蝗灾，大量的蝗虫会吞食禾田，使农作物完全遭到破坏，引发严重的经济损失甚至饥荒。蝗虫通常喜欢独居，危害有限。但它们有时候会改变习性，变成群居生活，最终大量聚集、集体迁飞，形成令人生畏的蝗灾，对农业造成极大损害。

长途旅行者

蝗虫的胸背部生有两对翅膀。前翅比较坚硬，能够起到保护后翅及腹部的作用。而后翅则更为柔软，平时折叠收好，在飞行时完全展开，能够帮助蝗虫进行长距离迁徙。

会飞的跳高冠军

蝗虫虽然生有非常利于飞行的翅膀，但它们在短距离移动时更喜欢跳跃。蝗虫的后足腿节非常发达，弹跳距离非常远，使它们在面临天敌威胁时，能迅速逃脱。

蝗虫有一对复眼和三只单眼。

蝗虫的口器由五部分构成，非常适合切碎及咀嚼植物。

蝗虫

分类： 直翅目蝗科。

分布： 亚洲、非洲、大洋洲的澳大利亚等地。

食性： 植食。

特征： 细长的身子和强有力的后足。

超级害虫：

中华稻蝗

中华稻蝗分布于中国、朝鲜、日本、越南、泰国等地。它们的名字里虽然有个"稻"字，却是农作物杀手，喜欢吃玉米、水稻、小麦、高粱、甘薯、白菜等作物。在干旱的年份，中华稻蝗食量特别大，是有名的杂食性农业害虫。

破坏过程

中华稻蝗通过咬食叶片，咬断茎秆和幼芽的方式破坏农作物。它们会将水稻叶片咬成残缺状态甚至完全消失，也能咬坏穗颈和乳熟的谷粒。

分布广泛

中华稻蝗在我国广泛分布，北起黑龙江，南至广东，尤其在南方十分常见。它一共有3对足。头上有一对尖尖的触角，身上全是一些白色的点，这些特征使它辨识度较高。

中华稻蝗

分类： 直翅目斑腿蝗科。

分布： 中国、朝鲜、日本、越南、泰国等地。

生活环境： 热带雨林或人工饲养环境。

特征： 背部有黑、白、红、银色等颜色组成的花纹，雄性头角分叉。

左右两侧有暗褐色的条纹。

全身绿色或黄绿色。

同伴背着走:

短额负蝗

短额负蝗是一种通体翠绿色、头尾尖尖的锥头蝗科昆虫。它们多生活在绿色植被丛中,依靠自身保护色来躲避天敌。短额负蝗在从孵化到成虫的过程中,并没有完全变态。它们的若虫与成虫外貌很像,在第五次蜕皮之后开始羽化,成为能够飞行的成虫。

背上的同伴

短额负蝗的雌虫和雄虫外形差别很大,雄虫要比雌虫小很多。在短额负蝗的繁殖季节,体形大的雌虫就会把雄虫背在身上。这也是"负蝗"名称的来源。

长长的菜单

短额负蝗作为危害植被的害虫之一,采食范围比较广泛:除了禾本科的植物之外,就连美人蕉、一串红、菊花、海棠花、木槿等花卉都在它们的"菜单"上。

短额负蝗

分类：直翅目锥头蝗科负蝗属。

分布：中国除华东以外的地区。

食性：植食。

特征：通体绿色，头部尖细。

短额负蝗的后腿与腹部平行，
而不是高高支起。

作物害虫:

横纹蓟马

横纹蓟马是体形很小的缨翅目昆虫,有着一双细长且有力的翅膀,头上有鬃毛,短而多。常生活于植物表面。因为体积小,所以是植物表面难以消灭的害虫。

雌性体小头大

雌性横纹蓟马比雄性的横纹蓟马身体稍微长些,雌性横纹蓟马体长 1.5 ~ 1.7mm,但是头部占比大,并且没有鬃毛。身体呈环状分布,头部长、宽口相等。

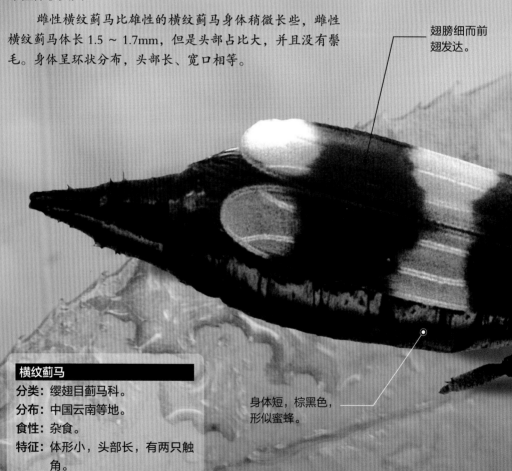

翅膀细而前翅发达。

身体短,棕黑色,形似蜜蜂。

横纹蓟马

分类: 缨翅目蓟马科。

分布: 中国云南等地。

食性: 杂食。

特征: 体形小,头部长,有两只触角。

植物危害者

横纹蓟马常存在于豆科植物上，如四季豆、扁豆、豌豆等植物的叶子表面以及花内，是豆科植物上难以消灭的害虫之一。横纹蓟马也会时常对棉花作物产生危害，使大片的棉花作物受到严重影响。

以大欺小

横纹蓟马不仅经常吃一些豆科植物，而且还会吃一些比它体积更小的蚜虫及相似的蓟马科的昆虫。

头部比较长。

植物吸血鬼：

夹竹桃蚜

夹竹桃蚜是一种危害夹竹桃科和萝藦科植物的蚜虫。它们群聚在嫩叶、嫩梢上吸食汁液，经常将嫩梢全部占满，致使叶片卷缩、生长不良，严重时会影响新梢的生长，还会对花朵造成不良影响。它们分泌的蜜露常粘在叶子表面，会阻碍植物正常发育。

两种形态差异

夹竹桃蚜有两种形态，一种是有翅，另一种是无翅。无翅形态的夹竹桃蚜比有翅形态的体形要稍大一些，呈黄色。有翅形态的夹竹桃蚜体形较小，头部和胸部是黑色的。

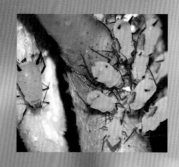

繁殖特点

夹竹桃蚜一年繁殖20余代，常在植物顶梢、嫩叶处越冬，第二年4月上、中旬开始缓慢活动。全年均可见到此虫，但尤以5～6月数量最大。夹竹桃蚜在一年内有两次危害高峰期，即5～6月和9～10月。7～8月因温度过高和各种天敌的制约，数量较少，危害较轻。

夹竹桃蚜

分类： 半翅目蚜科。

分布： 中国南部。

食性： 植食。

特征： 黄色的卵形身体，成群栖息在夹竹桃等植物上，会分泌黏液。

群体寄生者

　　夹竹桃蚜成群寄生于夹竹桃等有毒植物的茎叶间，以吸食植物汁液为生。在夹竹桃蚜的群体间，经常可以见到和它们共生的蚂蚁来取食蚜虫分泌的蜜露。瓢虫、食蚜蝇、草蛉是夹竹桃蚜的天敌。

夹竹桃蚜的
尾片呈舌状。

夹竹桃蚜的触角
上有瓦纹。

夹竹桃蚜的腹部
很大，呈透明状。

夹竹桃蚜有一
对复眼。

41

世界级害虫:

烟粉虱

　　烟粉虱这种害虫现在是世界各国的难题,烟粉虱借助花卉及其他经济作物的苗木迅速扩散,在世界各地广泛传播。它们繁殖速度快,寄主广泛,世代重叠,现在各国研发的化学农药对其伤害性不大,而且这种害虫对各种化学农药极易产生抗体。

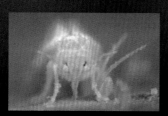

农作物杀手

　　当它们成群出现的时候,可以让农作物在短短数小时内迅速枯萎并且死亡。

烟粉虱

分类:半翅目粉虱科。
分布:世界各地。
食性:植食。
生活环境:树木和农作物上。
特征:虫体淡黄白色到白色;复眼红色,单眼两个;触角发达。

触角会随着年龄增长退化至只有一节。

烟粉虱的克星

　　这种害虫有一个天敌，那就是丽蚜小蜂，现已通过实验证明丽蚜小蜂是烟粉虱的有效天敌，许多国家通过释放该蜂，并配合使用高效、低毒的杀虫剂，有效地控制烟粉虱的数量。

烟粉虱身体呈椭圆形。

烟粉虱背部微隆起。

繁殖速度惊人

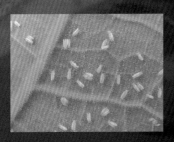

　　烟粉虱可全年繁殖，多在叶背及瓜毛丛中取食，卵散产于叶背面。若虫初孵时能活动，低龄若虫灰黄色，定居在叶背面，类似介壳虫。烟粉虱可在30种植物上传播70多种病毒。烟粉虱发育速率快，吸取食物后很快就可以变为成虫。

农业害虫：
硕蝽

硕蝽属于半翅目荔蝽科。分布在中国、越南、缅甸等地。硕蝽是一种果树害虫，寄主为板栗、白栎、苦槠、麻栎、梨树、梧桐、油桐、乌桕等。若虫、成虫刺吸新萌发的嫩芽，会造成顶梢枯死，严重影响果树的开花结果。

农业害虫

成虫吸食嫩梢和叶片汁液，使梢枯萎，使叶片发白。如果要根治它，冬、春季清除园内落叶及园内外其他植物近地面落叶，生长季节清除园内外杂草。

硕蝽

分类：半翅目荔蝽科。
分布：中国、越南、缅甸等。
生活环境：树木上。
特征：头小，三角形。触角基部3节深红褐色。

百科知识
影像纪录
趣味科普
交流园地

扫码获取

触角基部 3 节深红褐色，
第 4 节除基部外均为橘黄色。

果树害虫

　　硕蝽是一种危害较大的果树害虫。成虫和若虫会用针状的口器刺吸新萌发的嫩芽，造成顶梢枯死，生长滞缓，影响果树的结果。

锥蝽

锥蝽因头部狭长，像极了锥子而得名。这一物种会传播传染病，其中一些生活在家具中的锥蝽是传播美洲锥虫病的主要媒介。

锥蝽在广州俗称"木虱王"，体长25mm左右，呈椭圆形，颜色黑色或者是暗褐色。它们吸食人血，喜欢寻找皮肤较薄的区域下口，比如人的面部，同时也会叮咬人的其他部位。

传播疾病

锥蝽能够引发叫作"美洲锥虫病"的寄生虫病，感染者在患病初期出现与患艾滋病相似的症状，且其具有多年潜伏期，所以很难被察觉到。因此，世界卫生组织将锥蝽列为世界上最致命的15种动物之一。

吸食体液

锥蝽常飞入居室吸吮臭虫及蝇类的体液，也可叮人引起剧痛的感觉。

接吻虫

这听起来相当浪漫的名字来源于它们独特的吸血方式。它们专门叮咬人，皮肤较薄的区域是它们最喜欢下口的地方，如唇部、眼睑等。即使它们的体形很大，它们所咬的伤口也无疼痛感，且单次吸血量很大。

锥蝽身体略呈椭圆形。

喙可发出短促
刺耳的声音。

锥蝽

分类： 半翅目猎蝽科。

分布： 美洲、中国南部地区。

生活环境： 栖于人类居所附近。

特征： 头狭长似锥子，专门叮咬人
的面部。

菜蝽

菜蝽，半翅目蝽科害虫。呈椭圆形，体长6~9mm，体色橙黄或橙红，有黑色斑纹。

菜蝽的成虫和若虫均以刺吸式口器吸食植物的汁液，它们的唾液对植物组织有破坏作用，被刺处留下黄白色或微黑色斑点。幼苗子叶期受害严重时，随即萎蔫干枯死亡；受害轻时，植株矮小。在开花期受害时，花蕾萎蔫脱落，不能结荚或结荚不饱满，使菜籽减产。

菜蝽

分类： 半翅目蝽科。

分布： 中国。

食性： 植食。

特征： 椭圆形的身子，体长6~9mm，颜色红黑相间。

假死的高手

菜蝽的成虫具有假死技能，受惊后缩足坠地，以此来诱骗自己的天敌，保护自己。有时候也会振翅飞离，以此来躲避可能出现的危险。

繁殖的冠军

　　每只雌虫一生最多可产卵 200 粒。雌虫产卵于叶背，卵单层成块，排列整齐。

菜蝽前胸背板上有 6 个大黑斑，前排 2 个后排 4 个。

菜蝽有小盾片，呈 Y 字形。

蛀干害虫：
桑天牛

桑天牛是一种喜欢啃食树干的害虫，它们也啃食果树嫩枝，并且会把自己的卵产在果树中，这样等卵孵化后生出的幼虫又可以继续吃果树的嫩枝。对植物危害较轻时，会影响植物的生长，造成营养不良，严重的时候会导致植物死亡。

狡猾的伪装者

桑天牛具有假死能力。当它感受到外界的刺激或者震动的时候。它就会静止不动或者从停留处跌落下去装死。等过一会儿，它又恢复正常，然后离开。这样它就可以很好地保护自己。

桑天牛的鞘翅基部长了很多颗粒状的小黑点。

强大的繁殖者

　　等生殖器发育完成后，桑
天牛就开始产卵。桑天牛一般
需要 2～3 年完成一代的繁
殖，桑天牛会把幼虫生在树
木的幼枝里过冬，等到幼
虫长大后在根茎处的树干
内化蛹，长为成虫后就
开始吃嫩枝皮层。

桑天牛头顶隆起。
上颚为黑褐色，
强大且锐利。

桑天牛

分类：鞘翅目天牛科。
分布：中国、日本、朝鲜等地。
食性：植食。
特征：头顶隆起，触角比身体要长
　　　　一些，足是黑色的，上面长
　　　　了很多短毛。

丑角甲虫:
长臂天牛

　　长臂天牛是原产于拉丁美洲地区的大型甲虫，身上有黑色与淡红色相间的精细花纹，翅翼表面有彩色的花纹。长臂天牛又叫丑角甲虫，这与它们身体上的彩色花纹有关。

长臂天牛
分类： 鞘翅目天牛科。
分布： 北美洲的墨西哥和南美洲。
生活环境： 树木中。
特征： 体形不一，色彩鲜艳。

超长前足
　　长臂天牛是天牛科中前足最长的昆虫，雄虫的前足长度甚至要超过身体长度，有些能达到身体长度的2倍。

迫害植物

　　长臂天牛是一种害虫，果、桑、茶、棉、麻等均可受其危害。雌天牛喜欢在带有真菌的树干或木头上产卵，因为真菌提供了绝佳的伪装。

超长前肢可以
吸引异性。

竹笋天敌:

大竹象

    大竹象是一种主要危害竹笋的害虫,在我国南部地区广泛分布。大竹象的幼虫会在竹笋的蛀道中向上爬行,爬至竹笋顶梢咬断笋梢,幼虫连同断笋一起落地。然后它们会带着笋筒在地面爬行,找到合适的地点钻入土中化蛹。而大竹象成虫则会飞上竹笋啄食笋肉,它们对青皮竹、撑蒿竹、水竹、绿竹、崖州竹等许多种丛生竹都有极大的危害。

大竹象的翅膀十分有力,利于飞行。

大竹象的三对足等长。

短途飞行的日间行者

　　大竹象成虫一般在早上开始活跃，上午和下午是它们最活跃的时间，中午、夜晚和雨天一般落在竹叶背面和地面的隐蔽处。大竹象成虫飞行能力强，但在竹林中只进行短距离的飞行，飞行时会发出嗡嗡声。

大竹象的危害

　　大竹象的成虫和幼虫都蛀食竹笋，会造成竹笋腐烂。还会取食高1.5m左右的嫩竹，造成竹子生长不良，导致竹子节间变细。受损害的竹梢折断时，还会造成竹子顶端杈子增多，使竹材变干脆，容易被风吹断。

色彩鲜艳

　　大竹象刚刚羽化时的体色是鲜黄色的，出土后会变化为橙黄色、黄褐色或者黑褐色，在前胸背板后部中间还有一个呈不规则形状的黑色斑点。它们前足的腿节和胫节与中、后足的腿节和胫节一样长，前足胫节内侧有稀疏的棕色短毛。

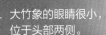
大竹象的眼睛很小，位于头部两侧。

大竹象

分类： 鞘翅目象甲科。

分布： 中国浙江、福建、台湾、江西、湖南、广东、广西、四川、贵州等地。

生活环境： 热带和亚热带地区。

特征： 三对足等长。

罕见的斑蝶：
白壁紫斑蝶

白壁紫斑蝶属于昆虫纲鳞翅目斑蝶科昆虫，为国内较为罕见的斑蝶，目前，国内仅分布于台湾和云南，国外分布于印度尼西亚和北美洲等地。

白壁紫斑蝶

分类： 鳞翅目斑蝶科。

分布： 中国台湾、云南，印度尼西亚，北美洲等地。

生活环境： 树林中。

特征： 背部有黑、白、蓝等颜色组成的花纹。

灿若星河

  白壁紫斑蝶寓意是灿若星河，它的外表非常漂亮，身体基本颜色为深紫色，有白斑点缀，就像宇宙星河一样灿烂夺目。

北迁的现象

  全世界仅在两处发现白壁紫斑蝶北迁的现象，一处是墨西哥的白壁紫斑蝶飞往美国；另一处就是中国台湾南部的紫斑蝶迁往北部。

57

用毒高手：

隐翅虫

隐翅虫的生存环境十分复杂，常分布在农田、林间、雨林、山地、河畔及海边，甚至在某些哺乳动物的体表也能够存活。隐翅虫食性也十分复杂，大部分吃农林害虫；还有一部分吃腐烂食物；少部分爱吃菌类、植物的果实和花粉等。

隐翅虫头呈黑色。

捕食高手

隐翅虫非常有捕食策略，它们会积极搜索，还会设埋伏，而且能够找到猎物聚集地。隐翅虫进食方式也很特别，一种为撕碎然后咀嚼，另一种为捕捉然后在口前消化。

自我保护

　　由于隐翅虫的鞘翅不能很好地保护它的腹部，所以它们进化出了自我保护技能——释放毒液。在它的腹部末端长有一对刺状突起，这就是它们的防卫腺体。在危险降临时，隐翅虫能快速奔跑，并通过防卫腺体释放分泌物，有些能用腹部对准靶标，直接喷雾。隐翅虫的颜色比较鲜艳，这是一种警戒色，告诉敌人：别惹我，我有毒！

名字的来历

　　有人把隐翅虫叫作"飞蚁"，但实际上它和飞蚁完全不同。隐翅虫的前翅很小，是比较坚硬的鞘翅，但只能遮盖到腹部的前两节。它们的后翅是膜质的，可以用来飞行，不用的时候折叠隐藏在前翅下面，所以才有了"隐翅虫"这个名字。

隐翅虫

分类：鞘翅目隐翅虫科。
分布：世界各地。
生活环境：潮湿环境，如淡水湖边、水沟、池塘、农田。
特征：多数细长、体形小，形似蚂蚁。

彩虹的眼睛：

吉丁虫

　　吉丁虫是一种以美丽的鞘翅而闻名的昆虫，它们的鞘翅色彩缤纷，甚至被人喻为"彩虹的眼睛"。但吉丁虫其实是一种林业害虫，它们的成虫喜爱啃食叶片，经常会造成树叶缺口；而它们的幼虫危害更大，常躲藏在树皮下，从树底以螺旋形路线往上啃，经常造成树木脱皮、折断甚至枯死。

爱大火的昆虫

　　吉丁虫科的松黑木吉丁虫酷爱火灾，它们能够感知到远在 13 km 外的大火，然后匆匆赶过去，在烧焦的树枝上面产卵。

被钟爱的鞘翅

　　吉丁虫的鞘翅色彩斑斓，大多数还带有金属光泽，非常好看，因此受到许多艺术家的喜爱。日本人尤其喜爱吉丁虫，经常把它们的鞘翅当作装饰物，镶嵌在家具上。

吉丁虫

分类：鞘翅目吉丁虫科。
分布：世界各地。
生活环境：树木上。
特征：有色彩斑斓的鞘翅。

奇特的幼虫

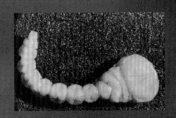

吉丁虫的成虫虽然非常好看，但它们的幼虫长得很奇怪。吉丁虫的幼虫身体又扁又长，没有足，身体很窄而头却非常大，像蝌蚪一样在树干里钻来钻去。

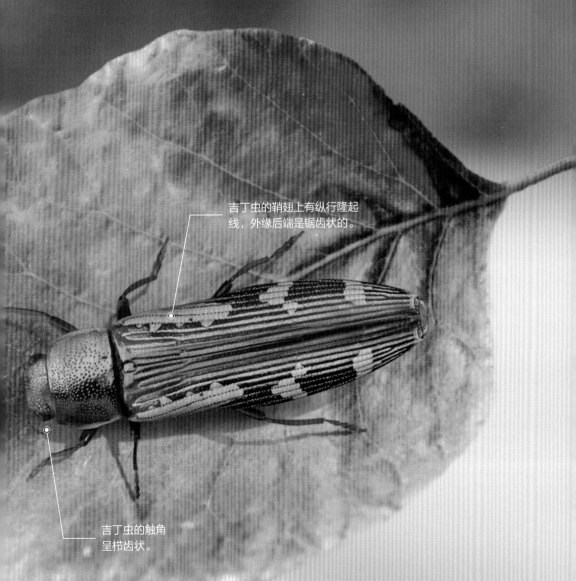

吉丁虫的鞘翅上有纵行隆起线，外缘后端是锯齿状的。

吉丁虫的触角呈栉齿状。

缓慢的飞行者：
泥蛉

泥蛉是泥蛉科昆虫的统称，触角长，呈丝状；两对翅较大，前翅长，部分后翅折叠如扇。成虫行动迟钝，飞行力弱，常栖于岸边植物。幼虫水生，在池、河底爬行，以小昆虫为食。

泥蛉的触角呈丝状。

泥蛉的口器是咀嚼式口器。

泥蛉有一对凸出的复眼。

百科知识
影像纪录
趣味科普
交流园地

扫码获取

发育特点

泥蛉属于不完全变态昆虫，若虫形态和生活习性与成虫基本相似，但没有翅膀。若虫有跳跃的能力，可以比较迅速地移动。若虫蜕皮 5 次后会发育为成虫，成虫虽然有翅膀，但行动比较迟缓，飞行能力也很弱。

生活习性

泥蛉多在夜间活动，白天驻足在水边植物上，夜晚会在空中飞行。有的泥蛉种类还有假死习性，即受惊后会落地装死，受惊后坠落水面也能移动。泥蛉没有集群和迁移的习性，常生活在一个地方，一般分散活动。

泥蛉
分类： 广翅目泥蛉科。
分布： 欧洲。
生活环境： 凉爽、潮湿的环境。
特征： 有十分宽大的翅膀。

泥蛉的翅膀宽大。

63

珍贵绿宝石:

阳彩臂金龟

阳彩臂金龟是一种非常珍贵的臂金龟科昆虫,属于我国的特有品种,是国家二级保护动物。这类昆虫的体长可达到8cm,体表在阳光下有金属光泽。阳彩臂金龟喜爱居住在亚热带地区的常绿阔叶林中,是罕见的稀有昆虫之一。

阳彩臂金龟的前足胫节有齿突,前臂比整个躯干还要长。

金属光泽

阳彩臂金龟的体表颜色非常鲜艳。它们的头部和前胸是绿色的,鞘翅则是黑色的,全身在阳光下都会折射出美丽的金属光泽。

阳彩臂金龟

分类: 鞘翅目臂金龟科。
分布: 中国南部。
生活环境: 温暖湿润的环境。
特征: 头部绿色,前足长。

地域特色

    阳彩臂金龟是中国境内独有的臂金龟科昆虫，分布在中国南部地区，也就是说离开中国之后就再无法见到这种美丽的昆虫了，就连海峡对岸的中国台湾地区也没有它们的身影。

阳彩臂金龟的前胸背板边缘是锯齿形的。

阳彩臂金龟的鞘翅上有斑纹。

树上的银琵琶：
梨片蟋

　　梨片蟋是一种鸣叫声音非常悦耳动听的昆虫。它们拥有嫩绿色的枣核形身体，头尾全都尖尖的。梨片蟋的前翅非常发达，能够进行远距离飞行，但后肢却非常弱，总是紧紧地贴在身体两侧，不擅长跳跃。梨片蟋喜欢生活在高大的树木上，平日里依靠体表颜色将自己隐藏在绿叶下面。

清脆的声音

　　雄性梨片蟋的发声器位于前翅，由刮器、发声锉和镜膜等多个结构组成。发声时，左右前翅举起，左前翅上的刮片和右前翅上发声锉的音齿相互摩擦，振动镜膜，从而发出清脆的声音。如果把它比作小提琴，那发声锉的音齿就相当于琴弦，刮器就相当于琴弓，而镜膜就是将声音放大的音箱。

怕雨又怕热

　　梨片蟋不喜欢潮湿，也不喜欢炎热。它们的孵化和羽化都需要气温适宜与空气干燥的环境。如果某一年的夏季雨水很多或者干旱酷热的话，梨片蟋的繁殖就会受到很大影响。

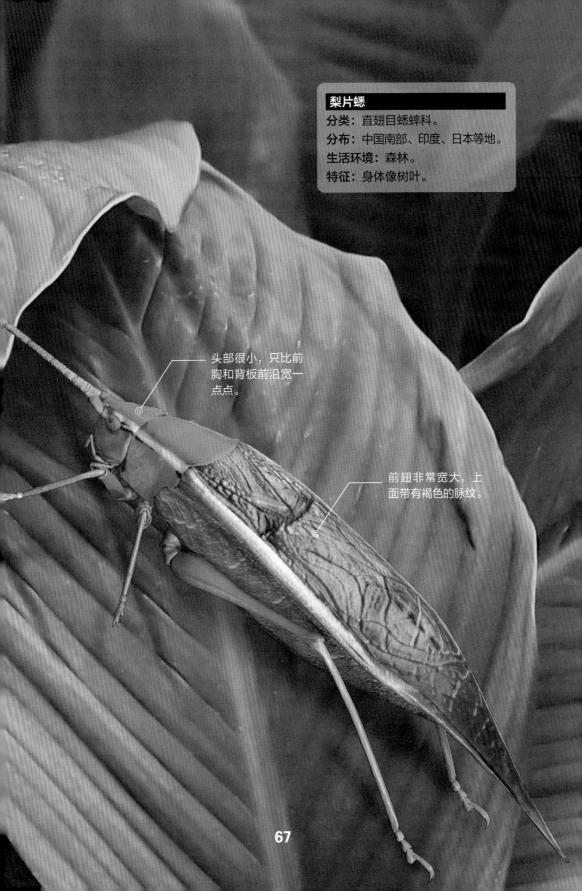

梨片蟋
分类：直翅目蟋蟀科。
分布：中国南部、印度、日本等地。
生活环境：森林。
特征：身体像树叶。

头部很小，只比前
胸和背板前沿宽一
点点。

前翅非常宽大，上
面带有褐色的脉纹。

67

华丽的大甲：
独角仙

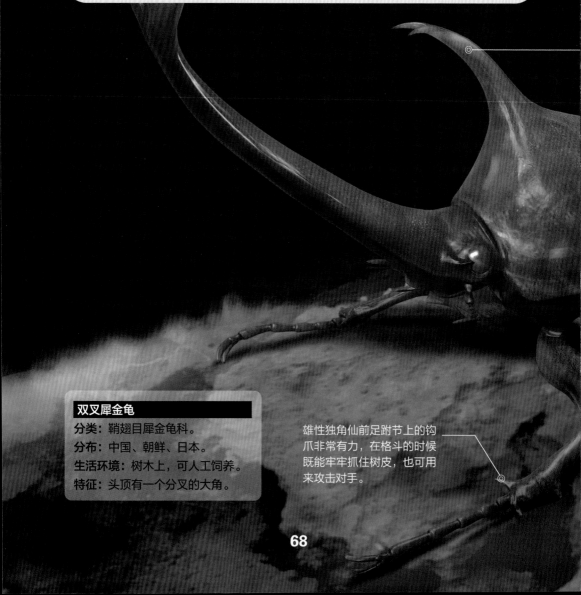

　　独角仙，学名双叉犀金龟，可以称得上是最出名的大型甲虫了。它的头上长着一只威武的长角，胸节上也有一只比较小的角，再加上黑色或者红棕色的甲壳，让这只大甲虫看上去威武不凡。

　　在野外的独角仙会霸占一些有腐烂水果或者树皮破损流出树汁的地方，用来吸引雌性，雄性则趁着雌性进食的时候交配。如果有其他独角仙也想来分一杯羹，就要先把原来的主人打败才行。

双叉犀金龟

分类：鞘翅目犀金龟科。

分布：中国、朝鲜、日本。

生活环境：树木上，可人工饲养。

特征：头顶有一个分叉的大角。

雄性独角仙前足跗节上的钩爪非常有力，在格斗的时候既能牢牢抓住树皮，也可用来攻击对手。

独角仙头盔

　　好斗勇敢的独角仙在古代就已经受到了日本武士的关注，为了获取像独角仙一样的勇气和力量，一些武士将头盔制作成独角仙样式，希望自己也能拥有独角仙那样的勇气和力量。

容易饲养的独角仙

　　独角仙很容易饲养，在野外采集到的雌性独角仙大多已经交配过，只要给它们提供合适的腐殖土或者发酵木屑，几天之后就会看到土中出现白色的卵。

—— 雄性独角仙前胸背板上也有一个角，在捕捉独角仙的时候抓住这个角就不容易被它伤到。

69

豆类劲敌：
绿豆象

　　绿豆象，又叫中国豆象、小豆象、豆牛。在世界分布广泛，我国各地均有分布。绿豆象能危害多种豆类，最喜食绿豆，也取食赤豆、豇豆、蚕豆、豌豆。除豆类外，也能危害莲子。绿豆象繁殖迅速，一年可以繁殖5代，条件适宜时甚至能繁殖11代，完成一代需30多天。

生活习性

　　成虫可在成熟的豆粒上或田间豆荚上产卵，每只可产卵70～80粒。各虫期均可在豆粒中越冬，而虫蛹会在第二年春天羽化。在温暖地区，绿豆象一年中可连续繁殖，比如在中国南方甚至可达9代。成虫擅飞翔，并有假死习性。

简易防治方法

　　防治方法可分为高温杀虫和低温杀虫。炎热夏日，地面温度不低于45℃时，将新绿豆摊在水泥地面暴晒，使其均匀受热3小时以上，即可杀死幼虫。

绿豆象有
一对复眼。

绿豆象的头上
密布刻点。

绿豆象的前胸背板
后端宽，两侧向前
部倾斜。

绿豆象

分类： 鞘翅目豆象科。

分布： 世界各地。

生活环境： 温暖潮湿环境。

特征： 卵圆形深褐色的身体，体表
有灰白色毛与黄褐色毛。

水中人参：

龙虱

　　龙虱，俗名水鳖，是鞘翅目龙虱科的昆虫，它既能游泳，又能飞行，多生活在水草多的池塘、沼泽、水沟等淡水水域。龙虱是一种药食两用的昆虫，营养丰富，被誉为"水中人参"。

喜光的飞虫

　　龙虱能游善飞，生活于水草多的淡水水域，对水质的要求不是十分严格。幼虫成熟后钻入水边的泥土中化为裸蛹，半个月后羽化为成虫。龙虱成虫有很强的趋光性，当它们游到水面时，见到灯光便会向光源处飞行。

奇特的呼吸方式

　　龙虱的腹部长有两个气门，气管是贯通全身的组织。龙虱的鞘翅和腹部间储存着空气，空气中的氧气通过气管供给体内。当龙虱潜到水中时，就带着这部分空气，仿佛带着一个"氧气罐"。龙虱的气管同气泡内部相通，渗入气泡中的氧气会不断流向气管，供龙虱呼吸。

龙虱

分类： 鞘翅目龙虱科。
分布： 中国广东、湖南、福建、广西、湖北等地。
食性： 肉食。
特征： 一对后足专门用来游泳。

● 百科知识
● 影像纪录
● 趣味科普
● 交流园地
⊟ 扫码获取

复眼突出。

有丝状触角。

腹部上面长有
排气管的开口，
叫作气门。

后足侧扁，有长毛，
是游泳足。

蝎蝽科害虫：

水螳螂

　　水螳螂中文学名是中华螳蝎蝽，也叫螳蛉蝽，是半翅目蝎蝽科害虫。水螳螂属肉食性昆虫，强而有力的镰刀状前足是它的常用武器。它主要以守株待兔的方式捕捉小鱼、小虾、蝌蚪等生物，再以刺吸式口器吸食猎物的体液。

翻脸无情

　　水螳螂是肉食性动物，它的腹部很肥大。每到繁殖期的时候，雌性水螳螂会在交配完毕后吃掉雄性水螳螂，所以水螳螂也是"翻脸无情"的高手。

行走的镰刀

　　水螳螂最大的特点是它的胸前有一对镰刀状的捕捉足，可以折叠，伸展开时可以捕捉猎物。这让动起来的水螳螂看起来就像扛了两把巨大的镰刀。

水螳螂的危害

　　水螳螂以水中的昆虫、小鱼、小虾等为食，用刺吸式口器来吸动物的体液。它是控制蚊子数量的重要角色，即便如此，如果水螳螂数量太多，也会破坏水中的生态平衡。

中华螳蝎蝽

分类： 半翅目蝎蝽科。

分布： 中国。

生活环境： 水中。

特征： 有两只镰刀状的捕捉足。

头部细小，复眼发达。

水螳螂的足特别细长，镰刀状捕捉足非常发达。

75

游泳冠军:

豉 甲

豉甲由于体形小，像豆瓣，所以俗名叫"豉豆虫"。豉甲常常集群生活在水塘、湖等安静的水域，捕食落在湖面的昆虫和其他生物。它们有一上一下两个复眼，可以同时观察水面上和水面下的情况。当受到威胁时，它们会快速回旋游动。成虫受惊时会排出一种气味难闻的乳状液体，是它们的防御技能。

奇特泳者

豉甲是生活在淡水水域的昆虫，成虫多在夜间群集在水面游泳。它的前足虽然较长，但不是带有长毛的桨状游泳足，中后足短小而扁，末端呈钳状，所以只能在身体腹面进行微小的搅水运动，使水中出现旋涡带动虫体旋转。

豉甲的前足长、中后足很短。

科学价值

　　豉甲拥有坚硬不易弯曲的外骨骼，这使得它看起来更像一艘微型硬壳船。利用足部与翅膀产生的推进力，豉甲可以在水面快速旋转。根据豉甲这一特点，工程师们研制出多功能水陆两用车。

豉甲有蜡质的表皮。

豉甲有上、下两个复眼。

豉甲

分类： 鞘翅目豉甲科。
分布： 湖面或水塘等平静的水域。
食性： 肉食。
特征： 身体像豆瓣，呈黑色，有光泽。

生长方式

　　雌虫产圆柱形卵于水中植物上，化蛹期幼虫出水，背朝下用钩挂在岸边植物上，以污物和唾液作蛹。

泡泡爱好者:

沫　蝉

　　沫蝉是一种身体非常细小的昆虫。沫蝉的分布范围非常广泛，只要有植被覆盖的地方几乎就有它们的身影。沫蝉的若虫通常生活在植物根茎附近，啃食植物根茎，而成虫则会飞进稻田里，吸取叶片汁液。由于沫蝉会造成农作物的大片死亡，因此被视为农业害虫。

跳高世界冠军

　　沫蝉的后足肌肉非常发达，这使它们的跳跃高度达到 700mm，而有些沫蝉的身长只有 3mm，纵身一跃的高度是身长的 200 多倍，堪称"跳高世界冠军"。

杀不尽的虫

　　沫蝉的繁殖期在 6 月，正是稻田开始变绿的时候。它们的繁殖能力很强，体形又很小，难以被发现和捕捉。因此在农民眼中，沫蝉就像"不死虫"一样杀不尽。

沫蝉

分类：半翅目沫蝉科

分布：世界各地。

生活环境：潮湿环境。

沫蝉的身体只有
3 ~ 6 mm 长。

沫蝉的后足发达，
爆发力极强。

爱吹泡泡

　　沫蝉的若虫能够将自身分泌的液体混合，再用腹部的特殊结构将液体吹成泡沫，这样既能维持自身的湿润，又能隐藏自己，防止被天敌发现。